L'Astronomie en 1855

1855

JACQUES BABINET

TABLE DES MATIERES

L'ASTRONOMIE EN 1855   5

L'ASTRONOMIE EN 1855

Si l'on considère l'immense étendue « lu domaine des sciences, tant théoriques que pratiques, et l'activité avec laquelle le génie de l'homme, aujourd'hui débarrassé des subtilités métaphysiques, Féconde le champ entier des sciences d'observation, on croit au premier aperçu que le tableau des nouvelles découvertes doit embrasser un nombre considérable d'objets divers, et que la quantité d'admiration que peut contenir l'esprit le plus optimiste sera insuffisante pour payer tous les mérites qui se sont fait jour depuis un petit nombre de mois. Pour bien des raisons, il n'en est pas ainsi. D'abord le nombre des inventions de premier ordre est nécessairement fort limité ; ensuite, comme l'a très bien remarqué Laplace ce grand mathématicien qui fut si célèbre sans l'être autrement que par la science, les œuvres scientifiques ne peuvent jamais atteindre à une renommée comparable à celle des œuvres littéraires. Quelle que soit la valeur des travaux mathématiques, il leur manque toujours un public, il leur manque ce qu'on appelle le marché, autrement les consommateurs. Copernic, dans la dédicace de son fameux Traité des Révolutions au pape, s'indigne des critiques que des gens, qui parlent à tort et à travers, se mêlent de faire des conceptions qui leur sont inaccessibles. « Les œuvres mathématiques, ajoute-t-il, sont écrites pour des mathématiciens ; » mathematica mathematicis scribuntur. Mais où trouver assez de mathématiciens pour faire un public à ces génies dédaigneux ? Qu'ils nous permettent d'avoir une haute opinion de leur capacité et des calculs transcendans qui les ont mis en possession des brillans résultats qui font leur gloire, mais qu'ils nous permettent aussi de connaître, d'admirer principalement les fruits de leurs travaux, à peu près comme en face d'un tableau, d'une statue, d'un monument d'architecture on oublie le pinceau, le ciseau, les échafaudages et tout ce qui est du métier, pour jouir de l'œuvre du génie. Un autre avantage des œuvres d'imagination est encore la perfection individuelle de l'œuvre elle-même, qui, comme Minerve, sort toute complète du génie qui l'enfante, tandis que, comme le remarque encore Laplace, tout livre de science sera infailliblement surpassé en perfection par ceux qui partiront du point où l'auteur s'est arrêté. Les chants d'Homère et de Virgile, les tragédies de Racine, les compositions de Molière et de Shakspeare sont aussi peu susceptibles d'être retouchées et perfectionnées par la postérité que l'Apollon du Belvédère ou la Vénus de Milo. On ne peut pas appliquer aux œuvres de l'imagination ce que Bacon disait si bien des sciences : Les générations passent et le domaine de la science s'agrandit. Aussi l'admiration n'est point ici pour celui qui sait le plus, mais pour celui qui a su le premier. Newton a su le premier pourquoi les planètes voyagent autour du soleil sans être retenues et guidées dans le vide des cieux autrement que par leur pesanteur vers cet astre, de même que la lune escorte fidèlement notre globe sans autre lien et sans autre support que sa pesanteur - pesanteur identique avec celle qui précipite un corps lourd quelconque vers le centre de la terre. Il a vu la lune et le soleil soulevant les plaines océaniques pour amener deux fois par jour vers les rivages les flots des marées et les faire ensuite reculer par les mêmes périodes. Il a vu la cause du déplacement des équinoxes, qui fait tourner en deux cent soixante siècles tout le ciel étoilé au travers de nos saisons. Il a trouvé la cause de plusieurs des irrégularités du mouvement de la lune, le plus capricieux et le plus indiscipliné de tous les corps célestes. Depuis Newton, Clairaut, d'Alembert, Euler et toute l'école de Lagrange et de Laplace ont été plus loin que lui. Ils ont plus fait et mieux fait que Newton ; mais il était le premier ! Pour prendre un autre exemple, compare-t-on pour l'honneur les voyages trans-atlantiques des steamers américains et anglais, qui mènent au Nouveau-Monde en une semaine et demie, avec le pauvre voyage de Christophe Colomb qui lui fit découvrir ce monde !

Vers le milieu du siècle dernier, les auteurs de l'Encyclopédie, pour appeler à des études sérieuses la société Française, qu'ils jugeaient trop adonnée à des occupations purement littéraires, imaginèrent d'appeler les bons esprits à chercher dans la nature, dans les arts, dans les ateliers, ce que la méditation, activée, par la nécessité de surmonter des difficultés matérielles, avait pu créer d'ingénieux, d'utile, de poétique même. Ce fut encore par millions que le livre de l'abbé Pluche sur le Spectacle de la Nature, eut des lecteurs. Tout le monde, sait que dans le plan nouveau des études françaises une part plus large est faite aux notions positives ; mais où placerons-nous la limite de ce qu'il faut nécessairement savoir et de ce. qu'on peut ignorer sans doute ?

Je crois qu'il faut ici, comme partout ailleurs, consulter l'expérience, et voir ce qu'en général dans la société tout le monde désire connaître, et aussi voir ce qui parait indifférent ou peu attrayant au plus grand nombre des esprits. La Bruyère a très justement dit qu'un homme bien élevé n'est pas humilié de ne pas comprendre dans tous ses détails le mécanisme d'une montre, parce qu'il sait que les ouvriers qui la font ne sont bien souvent que des manœuvres peu intelligens. Cependant, si à l'exposition universelle ou voit une petite pièce de notre célèbre Froment, l'artiste français par excellence, régler, au moyen de l'électricité de la pile, l'échappement des horloges avec une supériorité de précision inconnue jusqu'à lui, on veut pénétrer la cause physique de cet effet admirable, comprendre tous les inconvéniens auxquels ce système remédie, et enfin vérifier par des observations astronomiques le résultat annoncé. Le lecteur me permettra de lui dire ou de lui rappeler que, dans les montres et les horloges, le mouvement du balancier ou celui du ressort spiral règle l'échappement successif des dents qui vont ensuite porter aux aiguilles par des renvois les indications de l'heure, de la minute et de la seconde. De la perfection de cet échappement dépend la régularité de la marche de la pendule ou de la montre. Souvent à cette marche est attachée la perte ou la sécurité du navigateur. Aussi les constructeurs de montres marines et autres ont-ils épuisé tout ce que le génie, stimulé par la difficulté à vaincre, peut enfanter de plus merveilleux. De toutes les denrées qui ont un prix commercial, je crois me souvenir que le petit morceau d'acier qui fait un ressort de montre est celle qui, proportionnellement à son poids, à la plus haute valeur. Un kilogramme d'acier travaillé en bons ressorts de montres marines vaudrait incomparablement plus qu'un kilogramme d'or, lequel cependant se paie plus de trois mille francs. L'étude de tous les systèmes d'échappement imaginés, proposés, employés depuis Huygens, le premier inventeur, cette étude, disons-nous, occuperait une vie entière. Le fameux Berthoud, célèbre horloger du siècle dernier et membre de l'Académie des Sciences, faisait demander grâce à ses confrères lorsqu'il entamait cet interminable sujet de ses méditations chronométriques, malgré l'importance du sujet pour l'astronomie, la navigation, la géographie et tous les arts de la paix et de la guerre. Peut-être ce qui précède, sur l'échappement a-t-il fait sur le lecteur l'effet des mémoires de Berthoud sur les membres de l'Académie des Sciences. Qu'il me soit permis d'ajouter, pour égayer ce sujet austère, qu'à l'une des longues séances de Bertboud sur l'échappement, un savant atrabiliaire écrivit sur un papier le quatrain que voici :

Berthoud, quand de l'échappement
Tu nous traces la théorie,
Heureux qui peut adroitement
S'échapper de l'Académie !

puis il sortit. Son voisin, excédé comme lui, lut le papier et profita du conseil, en sorte que de proche en proche la désertion fut complète. Il ne resta que le lecteur avec le président et les secrétaires, que leur grandeur attachait à leurs fauteuils, comme celle de Louis XIV l'attachait au rivage du Rhin. Il n'y a donc pas moyen d'exiger d'un homme non spécial des études aussi étendues d'une des mille inventions qui font la gloire et le bonheur matériel de notre civilisation moderne.

De tous les hommes supérieurs, Arago a été de beaucoup le premier dans l'art de voir en une machine ou une invention le mérite principal, dégagé de tout accessoire parasite. Ses leçons sur les échappemens principaux, à l'École polytechnique et à l'Observatoire, étaient des modèles de clarté et de profondeur. S'il eut pu ou voulu travailler à une encyclopédie de toutes les connaissances scientifiques qu'à tout homme ayant reçu une éducation libérale il n'est pas permis d'ignorer, nous aurions certes le plus précieux trésor de science indispensable qu'il soit possible d'imaginer. Qui entreprendra après lui de créer une œuvre si difficile, où il faudra faire la juste part des exigences du sujet, de la science de l'autour, et surtout du public ? On reprochait à un faiseur de systèmes politiques que ses lois ne conviendraient guère qu'à des hommes parfaits, et non aux hommes de nos sociétés actuelles. Il répondit : - Oh ! pour les hommes tels qu'ils sont, qui est-ce qui voudrait les gouverner ? - Beaucoup de nos écrivains de science semblent avoir désespéré d'instruire le public et s'être retranchés dans l'assertion de Copernic. On peut lire comme exemple le Système du Monde de Laplace, ouvrage tout mathématique, aux formules algébriques près, mais par compensation ou pensera aux écrits de Fontenelle, de Buffon et d'Arago.

En général on peut dire, relativement aux découvertes scientifiques, que la société ne remercie pas deux fois d'un présent qu'on lui fait. Il n'y a pas deux admirations successives pour un même ordre de travaux, même d'un grand mérite : tout est pour le premier. Ainsi, sans rappeler Christophe Colomb, lorsque Jacob Brett eut le premier fait passer des dépêches au travers du détroit qui sépare la France de l'Angleterre, on ne donna plus qu'une attention secondaire à des travaux bien plus étonnans. Notez bien que je dis que M. Jacob Brett fut le premier qui fit passer et non pas le premier qui imagina de faire passer des dépêches. Depuis lors, que de merveilles dans ce genre ! Le câble sous-marin de 600 kilomètres (150 lieues) a traversé et traverse encore la Mer-Noire, et nous apporte en trois ou quatre heures des nouvelles de la Crimée. Avec des communications électriques non interrompues, les dépêches ne mettraient pas plus d'une seconde pour faire ce trajet. J'ai en ce moment sous les yeux le beau sondage fait par la marine française entre la Sardaigne et l'Afrique, et avant peu M. John Brett, le frère de celui que j'ai nommé plus haut, fera communiquer la France et l'Algérie par la Corse et la Sardaigne. La plus grande distance n'est que le tiers de la distance qui sépare dans la Mer-Noire Balaclava de Varna. Quand les Américains voudront bien faire passer leurs câbles télégraphiques par le Labrador, le Groenland et les îles nord de l'Angleterre, ainsi que je l'ai demandé depuis longtemps dans la Revue, ils rattacheront infailliblement le nouveau monde à l'ancien, et de Paris à New-York, ville aujourd'hui d'un million deux cent mille habitants, on se parlera aussi vite qu'un astronome de Paris parle à un astronome de Londres, ou bien que deux interlocuteurs échangeant leurs idées dans un même salon. Eh bien ! essayez de faire admirer aujourd'hui au public le câble électrique de Balaclava, vous ne trouverez que des oreilles distraites. Un peu plus, un peu moins, c'est connu. Non bis in idem. Les inventeurs pourraient répéter, par rapport à la société actuelle, le mot prétendu d'Alexandre sur les dispensateurs de la gloire : « O Athéniens ! que de travaux je m'impose pour être loué par vous ! »

Je ne puis m'empêcher de faire ici un rapprochement de contraste entre les idées des anciens et les nôtres sur le rôle que les mers doivent jouer dans la civilisation du monde. Horace nous dit que Dieu, dans sa prudence, a séparé les terres par des océans qui les isolent, et que c'est une impiété que de monter sur des vaisseaux qui vont contre cette intention de la Divinité. Il en est autrement aujourd'hui, et c'est la mer et les ports qui rendent une contrée accessible à tout l'univers. Chose étonnantes pas un des auteurs du XVIIIe siècle n'a parlé du motif qui avait porté Pierre Ier à fonder Pétersbourg dans une situation maritime ! Le câble électrique de l'Algérie nous fournit une nouvelle preuve que la mer est faite pour la communication des peuples civilisés. En partant de la Sardaigne et en voguant vers les côtes de l'Afrique, on trouve, à peu de distance des extrêmes limites des possessions françaises, la petite île de Galite, qui servira de station au câble électrique d'Algérie ; mais ensuite, si l'on abordait la terre au plus près, on passerait par le territoire, de populations incomplètement soumises, qui mettraient en péril le conducteur électrique dès qu'il aurait quitté la mer. On a donc changé de plan, et maintenant le câble électrique, après avoir fait une station à l'île de Galite, continuera sa route sous-marine directement jusqu'à Bône. Ce sera par mer que se fera la communication en toute sécurité.

Ce que j'ai dit de l'admiration refusée aux secondes merveilles de la télégraphie électrique, j'aurais pu le dire également pour la photographie. Après les noms de Daguerre, de Niepce, de Talbot, qui commit les autres plus modernes qui ont cependant laissé bien loin derrière eux ces trois inventeurs ? Par une fâcheuse exception, on refuse ici au talent la renommée qu'on lui accorde partout ailleurs, car la renommée est un talent ce que la gloire est au génie. Dans les sciences, le talent, quant à sa récompense, est complètement et injustement sacrifié.

S'il n'y a pas beaucoup de nouveau sous le soleil, suivant l'assertion de Pythagore, voyons ce qu'il y a de nouveau au-dessus du soleil, dans les régions astronomiques. Les planètes, comme on peut le penser, continuent leurs évolutions périodiques autour de leur astre central. Les étoiles persistent soit dans leur fixité, soit dans les légers mouvement que les astronomes leur ont reconnus. Les étoiles doubles continuent à tourner l'une à l'entour de l'autre et à marquer les siècles. Les observatoires ne laissent passer aucun phénomène non étudié. Plusieurs ont adopté une étendue limitée de travaux pour les approfondir plus complètement. Le nombre des petites planètes qui sont au milieu de l'espace qu'occupent les grandes s'augmente continuellement ; et il est maintenant de trente-sept. Quelle masse de veilles pour les astronomes, et surtout avec l'obligation de faire usage maintenant de télescopes beaucoup plus forts pour observer ces petits objets ! Je me bornerai à donner la liste de ces minimes planètes découvertes en 1853, 1854 et 1855, pour compléter les listes précédentes que j'ai déjà mises dans la Revue.

N° d'ordreNom de la planèteNom de l'astronomeDate de la découverte
24ThémisDe Gasparis6 avril 1853
25PhocéaChacornac6 avril 1853
26ProserpineLuther5 mai 1853
27EuterpeHind8 novembre 1853
28BelloneLuther1er mars 1854
29AmphitriteMarth1er mars 1854
30UranieHind22 juillet 1854
31EuphrosyneFerguson1er septembre 1854
32PomoneGoldschmidt26 octobre 1854
33PolymnieCharcornac28 octobre 1854
34CircéCharcornac7 avril 1855

35LeucothéaLuther19 avril 1855
36AtalanteGoldschmidt5 octobre 1855
37FidèsLuther5 octobre 1855

M. Arago avait exprimé la crainte que les noms mythologiques ne vinssent à manquer aux individus de ce groupe qui sont désignés maintenant par leur numéro d'ordre, suivant la série des époques de leur découverte, d'après la désignation introduite par le savant astronome américain M. Gould. Cependant, comme il y a souvent deux planètes découvertes le même jour, car chaque astronome faisait sa chasse dans une région différente du ciel dans la même nuit bien sereine, il est bon de leur conserver un nom mythologique qui les distingue exclusivement. Les noms de Palès, d'Aréthuse, de Doris, d'Aglaé, de Terpsichore, sont encore vacans ; mais au besoin on trouverait dans Hésiode, dans Homère et dans les dictionnaires de la fable environ deux ou trois cents noms de nymphes, de divinités, de femmes célèbres qui ne dépareraient pas cette liste céleste. Les Américains ont vivement réclamé et réclament encore contre l'adoption du nom de Victoria pour la planète qui porte le n° 12, d'autant plus que M. Hind, qui l'a découverte, avait indiqué le nom de Clio pour remplacer celui de Victoria, au cas où l'on aurait quelque répugnance à un nom de souveraine. Sans vouloir rien préjuger sur les convenances, on peut se féliciter qu'aucune des planètes trouvées à l'observatoire de Paris n'ait reçu le nom de l'impératrice Eugénie, quoique le mot soit parfaitement grec. En attendant la décision de la postérité, la planète n° 12 porte les deux noms de Victoria et de Clio. Les satellites de Jupiter avaient été baptisés par Galilée astres de Médicis (Medicea sidera) en l'honneur du grand-duc de Toscane : cette dénomination a disparu depuis longtemps ; mais que dire du nom imposé par M. le maire de Dusseldorff à la dernière petite planète découverte par M. Luther, astronome de l'observatoire municipal de cette ville ? Comment, voilà une planète qui se nomme Fidès, la foi ! Sans doute c'est la foi luthérienne ! Et puisque M. Luther est l'un de ces descendans du fameux Luther que le roi de Prusse fait élever chaque année à ses frais, il est juste qu'il y ait dans la découverte quelque chose qui rappelle le fougueux ennemi des indulgences qui partagea la chrétienté en deux camps. Cependant il est curieux de voir la foi chrétienne en compagnie de Leucothéa, de Proserpine, de Thélis et de Bellone, autres planètes précédemment découvertes par M. Luther. Il ne reste plus qu'à faire arriver l'espérance et la charité avec la foi, pour avoir toutes les vertus théologales dans le ciel païen avec Mercure, Vénus, Mars et Jupiter. Il ne faut donc pas adopter ce nom bizarre. À la vérité, je trouve dans Horace ce vers :

Incorrupta Fides nudaque Veritas,
avec des lettres majuscules pour Fides et Veritas, Malgré tout ce qu'on pourra dire, ces divinités n'ont point généralement droit de bourgeoisie dans la cité céleste où règne Jupiter. Vivons donc dans l'espérance que M. le maire de Dusseldorff voudra bien avoir la charité de renoncer à sa foi planétaire pour ne point la compromettre dans un ciel très peu chrétien. Je ne rappellerai point ici les anathèmes d'Arago contre l'esprit échevin, notez que je ne dis pas contre l'esprit des échevins, qui, pris individuellement, du moins à Paris, sont pour l'esprit comme pour la distinction à la tête de la cité, comme ils le sont municipalement.

Il y a plus d'importance qu'on ne croit à ne pas laisser corrompre une langue scientifique. Le grand Cuvier (de l'Académie française !) n'a-t-il pas dépoétisé toute la création antédiluvienne par ses mégathérium, ses anoplothérium, ses ptérodactyles, ses mastodontes, de manière à rendre à peu près illisibles les annales merveilleuses de la vie dans les âges géologiques qui ont précédé le nôtre. La botanique en est à peu près là aussi, et quand les écrivains veulent peindre une nature tropicale, Dieu sait quels noms ils rencontrent. Comment décrire un bosquet tapissé de Boussingaultia basselloïdes ? Dans nos admirables expositions d'horticulture pourquoi tant de noms pédantesques, moitié latins et moitié modernes, pour défigurer les plus belles productions de la nature ? Conservons au moins le ciel à l'euphonie, si la barbarie envahit toute la terre.

Voici donc quatre nouvelles planètes découvertes en 1853, six en 1854 et quatre dans les onze premiers mois de 1855. C'est un honorable résultat. Comme les plus brillantes ont sans doute été vues les premières, on comprend que l'ordre des chiffres qui indique le rang de la découverte est aussi approximativement celui de l'éclat de ces petits astres. C'est un des avantages de la notation de M. Gould.

Ces dernières années ont fourni leur contingent habituel de comètes, savoir trois ou quatre par année ; mais la grande comète de 1260 et de 1556, qui devait reparaître en 1848 et qui a été ajournée à 1858 avec deux ans en plus ou en moins, pourra peut-être nous revenir dès 1856. Ce sera une belle conquête pour l'astronomie solaire qu'un astre dont la révolution est de trois cents ans. et qui, après avoir visité la terre sous le règne de Charles-Quint et de Henri II, nous revient sous le règne de Napoléon III et de Victoria, pour reparaître encore dans trois siècles. Quelle belle exposition universelle cette comète verra l'an 2158 à son retour subséquent !

Ce sont encore les comètes qui vont nous fournir du nouveau et même du nouveau fort extraordinaire : la comète de Vico qui devait reparaître en août dernier est perdue ! Un astre perdu ! et comment ? D'abord la chose est-elle possible ? Qui a pu faire disparaître cette comète ? Qu'est-elle devenue ? N'a-t-on point déjà quelques exemples antérieurs d'une pareille catastrophe ? Les astres ne meurent pas comme les hommes, a dit Pline, et dans le ciel, où nul obstacle ne vient s'opposer à la marche des astres, quelle incroyable fatalité peut en faire disparaître un, dont la révolution est fixée, le retour prévu et les perturbations calculées en détail ? C'est pourtant ce qui vient d'arriver cette année. Cette comète tant cherchée en France, en Angleterre, en Allemagne, en Italie et sous le ciel exceptionnel de Rome, enfin en Russie, avec de très puissans instrumens, cette comète, qui devait être très brillante cette année, a été invisible. Les atomes en ont sans doute été disséminés dans l'espace céleste. Tout le monde s'accorde à la regarder comme perdue, irrévocablement perdue. Voici l'historique de ce curieux événement.

En adoptant le principe qu'une comète n'est définitivement acquise au domaine du soleil que quand elle a été observée pendant deux retours dans la proximité de cet astre, quatre comètes seulement peuvent être comptées comme appartenant au système solaire, ce sont celles qui portent les noms de Halley, de Biéla, de Encke et de Faye. La première, qui nous revient tous les soixante-dix-sept ans, et qui depuis l'an 11 avant noire ère jusqu'en 1835 a reparu vingt-quatre fois, a mêlé son histoire à celle de l'humanité. L'an 1066, elle favorisait la conquête de l'Angleterre par Guillaume de Normandie.

Normanni invadunt stellâ monstrante cometâ.

En 1456, elle effrayait également les Turcs et les chrétiens, et faisait instituer notre Angélus de midi. Enfin, en 1759 et en 1835, elle confirmait les lois de l'attraction newtonienne. Celle de Biéla est remarquable par cette circonstance qu'elle s'est dernièrement partagés en deux morceaux qui vont se séparant de plus en plus à chaque retour au soleil, et finiront sans doute par faire deux comètes distinctes. Les deux autres comètes n'offrent rien d'extraordinaire que le peu de durée de leur révolution, laquelle durée est d'un peu plus de trois ans pour la comète de Encke, et d'environ sept ans et demi pour la comète de Faye. Celle de Biéla fait le tour du soleil en six ans et demi.

En ouvrant les livres de compilation astronomique, et notamment le Cosmos de M. de Humholdt et les Outlines of astronomy de sir John Herschel, on trouvera d'autres comètes indiquées comme périodiques, mais sans qu'une réapparition observée soit venue donner la sanction de l'expérience aux présomptions du calcul. Tel est le cas de la comète de Vico. Cet astronome, de la société de Jésus, qui observait à Rome et qu'une mort prématurée a enlevé à ses travaux, trouva en 1844 une comète télescopique qui ensuite fut visible à l'œil nu, et que, bientôt après sa découverte, M. Faye, en France, reconnut comme périodique et devant reparaître au bout de cinq ans et demi. Ce devait être dans le printemps de 1850, mais la comète était alors indiquée comme si faible, qu'il n'y avait aucune chance de l'apercevoir, car elle était moins favorablement située qu'elle ne l'était quand, dans la précédente révolution, on avait cessé de l'apercevoir avec les plus forts télescopes d'Europe et d'Amérique. Mais pour 1855, son retour calculé par M. Brünnow devait la ramener sous le soleil le 6 août, et même la rendre visible à l'œil nu. Or les astronomes, guidés par les éphémérides calculées à l'avance, n'ont pu ni l'observer ni même l'apercevoir. C'est donc un fait bien établi que la comète de Vico est perdue sans retour. Lorsque la mort vint terminer la carrière de cet actif observateur, tout le monde le plaignait de n'avoir pas vécu assez longtemps pour revoir la comète qui portait son nom. S'il eut vécu, c'eût été pour avoir une déception, car son astre a complètement disparu du ciel. Voici la raison que l'on peut donner de ce fait si extraordinaire.

Au moment où une comète descend vers le soleil pour en raser presque la surface, la matière légère qui compose cet astre se tire en longueur, en vertu de l'action du soleil, qui ne plie pas également toutes les parties dont se compose la comète, et comme cette masse très légère n'a pas beaucoup de force pour retenir énergiquement ses diverses parties, il en résulte qu'elles cèdent inégalement à l'influence du soleil qui les dilate en queues, en chevelures et en appendices souvent multiples. Comme ces queues se forment aux dépens de la substance même de l'astre, il est évident que si subséquemment son attraction n'est pas assez forte pour réunir de nouveau ses particules éparpillées, la comète perdra une partie de sa masse, qui restera disséminée en poussière dans l'espace céleste. Si par l'action du soleil la comète a été fort étirée en longueur, il pourra se faire que toute sa masse, ainsi disséminée, ne puisse se réunir en un seul globe, et que la concentration des particules matérielles se fasse autour de deux ou plusieurs centres d'attraction différens. La comète se partagera ainsi très naturellement en deux, en trois, en quatre, comme cela a probablement eu lieu pour la comète de Biéla. Cet accident doit arriver plus fréquemment aux comètes à courte période, qui n'ont pas le temps de rappeler à elles leurs élémens écartés par l'action du soleil, tandis que pour la comète de Halley par exemple, laquelle met en moyenne soixante-dix-sept ans pour faire sa révolution entière, ces élémens épars ont le temps de graviter les uns vers les autres. Il est encore évident qu'une très petite comète, dont l'attraction est peu puissante, sera bien plus sujette à périr par dissémination qu'une masse plus considérable qui aurait la force de retenir ou de rappeler les parties qui s'en seraient éloignées. Comme dans cette question tout dépend de la force séparatrice que le soleil exerce sur la nébulosité légère qui forme la comète, il est bon d'insister un peu sur ce mode d'action. Tous les auteurs qui ont dit ou soupçonné que les comètes pouvaient graduellement perdre de leur substance en fournissant de la matière aux appendices qui en émanent, quand elles approchent du soleil, n'ont pas précisé comment le soleil pouvait, pour ainsi dire, tirer en longueur un amas arrondi de nébulosité qui passe dans son voisinage. Voici comment la chose se fait.

Tout le monde se figure aisément que si une comète rase de près le soleil, elle sera plus attirée et prendra un mouvement plus rapide que si elle eût été plus loin du soleil. Si, de même dans l'ensemble des particules qui composent une comète, on considère celles qui sont le plus près du soleil, elles prendront une vitesse plus grande et devanceront celles qui en sont le plus éloignées. Il en résultera un allongement de la masse cométaire dans le sens de son mouvement, et si ensuite dans le reste de sa révolution la comète n'a pas le temps ou la force nécessaire pour réunir ses élémens dispersés, ceux-ci, suivant chacun une route séparée, se dissémineront pour toujours dans la région du ciel que parcourait auparavant la comète entière. C'est sans doute au moment de sa seconde arrivée près du soleil en 1850 que la comète perdue a été disséminée par l'action inégale du soleil sur ses diverses parties, sur quoi on remarquera que la comète, après son passage près du soleil en 1844, formait une masse irrégulière et allongée, et que si cette forme a subsisté jusqu'à son retour, et qu'elle ait, en vertu d'une rotation sur elle-même, présenté une de ses pointes au soleil, alors il y a eu une très grande différence entre l'action du soleil sur cette extrémité voisine, comparée à l'action de l'astre sur l'autre extrémité bien plus éloignée, et par suite une grande différence entre les routes suivies par les diverses particules du corps de la comète, ce qui revient à une complète dissémination.

Tout ce que je viens de dire paraîtra plus vraisemblable encore, si l'on se rappelle ce que j'ai répété plusieurs fois dans la Revue de l'extrême ténuité de la nébulosité qui forme la substance de la comète, ténuité qui surpasse tout ce que l'imagination peut se figurer, et qui a porté sir John Herschel à évaluer la masse entière d'une comète à quelques kilogrammes, peut-être menti à quelques décagrammes ! Et cela très sérieusement.

Dans les révolutions des astres autour d'un centre attirant, toute particule repasse toujours constamment par le même point à chaque révolution. Si toutes les parties disséminées d'une comète faisaient le tour du soleil dans le même temps, elles se retrouveraient ensemble dans le voisinage de l'astre central. Malheureusement les parties les plus éloignées du soleil mettent bien plus de temps à accomplir leur révolution que les parties les plus voisines, Elles ne reviendront donc pas ensemble au point le plus voisin du soleil, et leur dissémination se maintiendra. Il y a cependant une curieuse remarque à faire. Si, au bout d'un grand nombre de révolutions, il arrivait que la majeure partie des particules cométaires se retrouvât ensemble près du soleil, parce que celles qui vont le plus vite auraient fait quelques révolutions de plus que les plus lentes, cette circonstance pourrait recomposer en partie le noyau cométaire et lui redonner une forme arrondie. Comme une circonstance si exceptionnelle est en elle-même peu probable à cause des diverses distances au soleil de chaque particule disséminée, on doit penser que la comète une fois perdue par dissémination l'est sans aucun doute pour toujours, et qu'elle sera invisible à tout jamais.

Quant aux autres cas de disparition de comètes, il y a eu la comète de 1770, calculée par Lexell, dont elle porte le nom, et que les Anglais appellent quelquefois la comète perdue (the lost comet) ; mais si cette comète a disparu, elle avait de bonnes raisons pour cela : elle avait passé dans le voisinage de la puissante planète Jupiter, qui, faussant son orbite, l'avait lancée sans retour dans les profondeurs du ciel. Je trouve bien encore dans les archives de l'astronomie cométaire quatre ou cinq comètes qui n'ont point été retrouvées, mais pour lesquelles on peut admettre qu'elles avaient été mal observées, et par suite imparfaitement calculées. De plus, ces comètes étaient de celles dont la lumière est excessivement faible. Je ne m'arrêterai point à ces détails, et je dirai que la comète de Vico est la seule qui, sans cause aucune, a fait pour ainsi dire naufrage dans le port, et dont on ne peut guère rendre raison autrement que par la dissémination dont j'ai développé l'origine. Au reste, si le nom de Vico doit tirer quelque honneur de la comète à laquelle on l'a imposé, l'attention des hommes sera bien mieux appelée sur ce nom par le fait de sa singulière disparition, qu'elle ne l'eût été par cent révolutions non accompagnées de circonstances si extraordinaires. La renommée de Vico n'y aura rien perdu, pas plus que celle de Lexell n'a perdu au non retour de sa comète, qui a littéralement brillé par non absence au profit de l'astronome calculateur.

Je ne finirai pas cet article sur les comètes sans recommander aux lecteurs de la Revue un livre entier très curieux sur les comètes, qui se trouve dans l'Astronomie populaire d'Arago, nouvellement publiée. Quoique rien de ce que contient cette étude ne se trouve traité dans celle d'Arago, le grand nombre de questions importantes qui y sont abordées en fait un ouvrage d'un grand mérite, et qu'Arago lui seul pouvait composer. Seulement on y remarquera que l'auteur revient aux préjugés de l'école qu'il avait adoptés dans son enfance. Il fait les comètes beaucoup trop massives, et il examine sérieusement la catastrophe résultant du passage d'une comète qui entraînerait la terre à sa suite et lui donnerait les saisons d'une comète. À voir le grand changement que 12 ou 15 degrés du thermomètre centigrade occasionnent dans la nature entière, il faut être bien optimiste pour croire qu'alors il pourrait échapper quelques êtres vivans à une si rude épreuve. Je dis qu'Arago est revenu à ces idées, car il a même autrefois professé l'extrême ténuité des gaz qui forment la nébulosité des comètes, et à cette occasion, après avoir cité le vide presque parfait que produisent mes machines pneumatiques à double épuisement, il ajoutait que la substance de la comète était bien des milliers de fois moins compacte que ce vide presque absolu. Quand on verra une comète entraîner la terre sur ses pas, il y aura longtemps que l'on aura vu les moucherons enlever les éléphans et les hippopotames dans les airs. À considérer les encouragemens à offrir aujourd'hui à l'astronomie, il me semble que le principal et le plus efficace serait d'augmenter la publicité donnée à des travaux par eux-mêmes peu populaires, et auxquels le public ne s'intéresse que par les résultats obtenus, quand ceux-ci sont brillans. Voltaire a dit :

> On en vaut mieux quand on est regardé,
> L'œil du public est aiguillon de gloire.

On conçoit aisément que, puisque les mérites scientifiques supérieurs ont à peine le privilège d'attirer l'attention de la société, les talens secondaires ne peuvent percer l'obscurité qui pèse sur ces travaux hérissés de chiffres, employant un langage spécial et exécutés au moyen d'instrumens dont l'usage et les noms sont inconnus à tous. Si l'on parle d'un piano, d'une basse, d'un chevalet, d'un pinceau, d'un burin, le mot fait image ; mais si on nomme un cercle mural, une lunette méridienne, un collimateur, une machine parallactique, un théodolite, que de mots ne faut-il pas ajouter pour en faire comprendre la signification ! Boileau mentionne

> … La métaphore et la métonymie,
> Grands mots que Pradon croit des termes de chimie !

Les termes d'astronomie sont encore bien plus inconnus du public. Quant aux formules, c'est encore pis. La trigonométrie, hérissée de ses sinus et cosinus, de ses tangentes et de ses logarithmes, se dresse comme un cerbère et crie avec l'école de Platon : Loin d'ici ceux qui ne sont pas géomètres ! (traduction grecque) Et pourtant avec un peu d'attention de la part de l'interrogateur, avec un peu de précaution de la part du narrateur, on peut exposer et faire comprendre tout ce qui doit, dans cette noble science, intéresser la société éclairée. Ces notions ne sont pas plus difficiles à acquérir que celles de la géographie et de la sphère, qui sont familières à tant de personnes. Quant à ce qui serait réellement au-dessus de la portée ordinaire de l'intelligence et qui ne serait pas susceptible d'être compris sans formules et sans algèbre, il faut en faire le sacrifice et surtout se bien garder d'assimilations inexactes qui fausseraient le jugement de l'auditeur. Surtout il faut éviter le style d'oracle qui cache bien souvent l'ignorance et toujours l'impuissance de trouver des idées claires et nettes. Aussi des esprits du premier ordre, comme Laplace dans son Exposition du Système du Monde, ont préféré s'en tenir à un très petit nombre de lecteurs plutôt que de faire le travail ingrat et pénible de rendre la science intelligible à tous. Je ne pourrai jamais peindre le désappointement de plusieurs littérateurs distingués qui, sur la foi du grand nom de Laplace et de son titre de membre de l'Académie française, s'étaient aventurés à ouvrir le Système du Monde. Ce livre aurait été, si possible, écrit en hébreu avec des caractères chinois, que leur étonnement n'aurait pas été plus grand. Il leur semblait une véritable offense à leur amour-propre d'écrivains et de lecteurs. En revenant à notre thèse, c'est donc un exposé de tous les travaux astronomiques de l'année qui serait un véritable et efficace encouragement à la science, surtout s'il était écrit en style intelligible à tous. Les petites notices annuelles que publiait Lalande faisaient beaucoup de bien à l'astronomie, et de plus il y a conservé la mémoire de beaucoup de faits biographiques que l'on chercherait inutilement ailleurs.

Mais tandis que les observatoires de l'ancien monde poursuivent leur carrière, en thésaurisant chaque année le tribut du temps et du travail intelligent, voici la jeune Amérique qui prend son rang dans l'astronomie et dans les sciences. Je ne parle pas de la race espagnole et portugaise, qui nous offre des peuples nouveaux déjà vieux par leur impuissance politique et scientifique. Je parle de la race anglo-saxonne, qui, sous les auspices de M. Bache, l'arrière-petit-fils de Franklin, du professeur Henry, de M. Gould, astronome actif et dévoué, et des savans de Washington, de Boston et de Philadelphie, rivalise déjà avec les travaux européens. M. Ferguson, de Washington, nous a donné une des petites planètes. M. Bache exécute le gigantesque travail hydrographique et géographique du relevé des côtes immenses des États-Unis. Les cartes du lieutenant Maury, couronnées à l'exposition de l'industrie, sont connues du monde entier. Il en est de même de l'admirable méthode d'enregistrer le temps sans avoir la pénible préoccupation d'écouter les battemens d'une horloge. Cette méthode, essentiellement américaine, compte aujourd'hui M. Gould entre ses plus habiles metteurs en œuvre. C'est lui qui est chargé des longitudes télégraphiques dans le coast-surcey de M. Bache. Je ne parle pas de l'immense lunette astronomique de Cambridge, près de Boston, et des travaux de MM. Bond. Le trait caractéristique des établissement astronomiques des villes du Nouveau-Monde me parait être cette intelligence patriotique qui fait que des citoyens, des corporations municipales font de grands frais pour des études dont ils comprennent la dignité sans y être initiés eux-mêmes et seulement en vue du bien public et de l'honneur de la nation. Ce qui se fait en Angleterre pat le zèle éclairé des possesseurs de grandes fortunes aristocratiques ou commerciales se fait aux États-Unis par la vigueur d'une société qui sent que tout ce qui est grand et beau doit exister de l'autre côté de l'Atlantique comme en Europe, et se produire sur une échelle qui n'admette aucune infériorité. C'est ce qu'a déjà reconnu l'illustre astronome Airy, rendant pleine justice aux travaux récens des savans américains. Voyons comment cette tendance se traduit en effets et se réalise en pratique.

Il y a quelques années, M. Mitchell, de Cincinnati sur l'Ohio, entreprend de fonder un observatoire municipal. Il trouve le terrain, les matériaux et même la main-d'œuvre fournie gratuitement. Il vient en Europe, et au moyen des souscriptions de ses concitoyens, il achète des instrumens de prix et devient directeur d'un observatoire important. Une publication curieuse qui émanait de cet établissement a été discontinues.

Mais rien n'est comparable à l'entreprise actuelle de M. Gould, ce jeune astronome que nous avons déjà nommé, et qui, depuis plusieurs années, soutient à force de dévouement un excellent journal astronomique imprimé à Cambridge, qui ne fait qu'un avec Boston, l'Athènes scientifique et littéraire des États-Unis. Cette fois nous sommes dans le puissant état de New-York, dont la capitale légale est Albany, sur l'Hudson, vers le centre du pays, tandis que d'une extrémité il s'appuie sur les deux lacs entre lesquels se fait la chute du Niagara dont il possède une rive, et que de l'autre il touche l'Atlantique, c'est-à-dire le monde entier, par une ville de douze cent cinquante mille âmes, qui égalera Londres avant la fin de ce siècle, au moment où les États-Unis compteront cent millions de citoyens. Quelle perspective !

C'est au chef-lieu du New-York, à Albany, au milieu des états du nord, qu'il s'agit d'ériger un observatoire digne du New-York et de l'Amérique elle-même. M. Gould, fort de la science pratique qu'il a recueillie dans les observatoires de l'Europe et auprès des plus célèbres astronomes, se charge de venir encore une fois en Europe pour obtenir à grands frais les instrumens des meilleurs constructeurs, et son expérience lui suggère de nouveaux perfectionnemens qui doivent augmenter encore la précision déjà très grande de ces chefs-d'œuvre du génie mathématique. Non-seulement M. Gould accepte cette mission, mais il la conduit à bonne fin, et au mois d'août prochain l'inauguration du nouvel observatoire doit avoir lieu avec une partie des principaux instrumens. Ce seront des observations de choix sur des astres désignés par les besoins de l'astronomie, de la géographie et de la navigation. On verra dans cet observatoire, pour la première fois, une horloge soustraite aux variations brusques de la température et aux variations de pression de l'air. Partout des chronographes qui enregistreront le temps par une touche mue par la main, sans le secours de l'oreille, et un magnifique héliomètre, qui sera le troisième de cet ordre de grandeur, mais encore supérieur à ceux d'Oxford et de Kœnigsberg. Les autres instrumens seront de la même perfection, et la grandeur des lunettes permettra d'observer les petites planètes qui sont à peine suivies aujourd'hui, où la plupart des instrumens méridiens des observatoires anciens sont optiquement trop faibles pour atteindre ces petits astres. Au moyen de l'héliomètre, les étoiles doubles seront observées et les mesures micrométriques seront prises avec la dernière rigueur. Les petites étoiles utiles aux longitudes et aux latitudes seront déterminées de position. Enfin on n'admettra rien de médiocre dans les travaux de l'observatoire d'Albany.

L'observatoire d'Albany doit sa naissance et sa création aux efforts patriotiques de deux citoyens de cette ville, le docteur Armsby et M. Olcott. Ce ne sont pas des astronomes, chose singulière, mais seulement des amis de la gloire de leur pays ! L'observatoire est présentement sous le contrôle d'un comité d'agens directeurs, genre de direction en usage en Angleterre, où par exemple l'observatoire Radcliffe d'Oxford est sous le contrôle d'un comité d'exécuteurs testamentaires du fondateur Radcliffe. À ce comité ou bureau (board), quatre savans illustres, MM. Bache, Peirce, Henry et Gould, ont été adjoints. C'est M. Gould qui a été chargé de venir en Europe pour se procurer au plus vite les instrumens nécessaires. Il est à regretter que le manque de temps ne lui ait pas permis d'attendre quelque chef-d'œuvre de notre admirable artiste, M. Brunner ; mais en France nos constructeurs semblent ignorer le prix du temps, et il est impossible de les astreindre à quelque exactitude dans la livraison des commandes qu'ils ont acceptées. Ils semblent vouloir profiter du bénéfice de l'adage latin : sal citò, si sat bené ; c'est assez tôt, si c'est assez bien. Malheureusement ce n'est point avec ces principes que l'on fonde ou que l'on soutient de grands établissemens tels que ceux d'Allemagne, qui, par leur ponctualité, vont au-devant des travaux que les nôtres refusent ainsi tacitement. Quels délais Gambey n'a-t-il pas apportés dans la remise de son grand cercle ! Par ses travaux antérieurs et prolongés dans les observatoires de Paris, de Greenwich, de Berlin, de Goettingue, d'Altona, de Gotha et de Pulkova, M. Gould est l'astronome le plus instruit « le tout ce qu'il y a à faire et à éviter dans la science difficile à laquelle il est initié comme mathématicien et comme observateur.

L'horloge avec toutes ses dépendances est donnée par M. Erastus Corning, président de la direction du chemin de fer central de l'état de New-York. D'autres contributions particulières ont fourni le terrain, les matériaux pour l'édifice et jusqu'au gazomètre, qui doit servir à l'éclairage de l'observatoire. Je n'ai point sous ma plume le nom du citoyen généreux qui a donné le terrain convenable sur une hauteur qui domine de quelques cents mètres les eaux de l'Hudson, la grande artère du New-York. L'étendue de ce terrain est telle que quand Albany, qui a aujourd'hui, je pense, environ cinquante mille âmes, viendra, par son infaillible développement, à entourer le site de l'observatoire, celui-ci ne sera nullement incommodé de ce voisinage. Voilà pour l'avenir comme pour le présent.

Mais de toutes les contributions à l'honneur scientifique de la capitale du New-York, il n'en est point de plus libérale et de plus patriotique que celle d'une honorable citoyenne d'Albany, Mme veuve Dudley, qui a concouru pour une part considérable aux frais d'érection de l'édifice comme à l'achat des instrumens, et notamment de l'héliomètre. Aussi la reconnaissance des fondateurs de l'observatoire s'est-elle manifestée par le choix du nom qu'on a donné à ce bel établissement. On l'a nommé Observatoire Dudley. L'antiquité a beaucoup célébré la piété conjugale de la reine Artémise, qui bâtit à son époux Mausole un tombeau compté parmi les merveilles du monde, et qui donna son nom à tous les monumens grandioses ayant la même destination. Au lieu de consacrer à la mémoire de son mari un édifice improductif et lugubre, Mme Dudley a beaucoup plus sagement attaché son nom à une fondation noble qui unira à jamais ce nom à un édifice élevé pour l'honneur de sa patrie et l'utilité de ses concitoyens. Grand exemple pour notre France !

BABINET, de l'Institut.

www.ingramcontent.com/pod-product-compliance
Lightning Source LLC
Chambersburg PA
CBHW070737180526
45167CB00004B/1791